动物园里的朋友们

（第三辑）

我是大象

［俄］列·阿古京 / 文

［俄］因·巴加耶娃 / 图

于贺 / 译

江西美术出版社

全国百佳出版单位

我是谁？

你好呀，我的好朋友！我就是那个你见到时得抬起头来看的大朋友。因为我可是陆地上最大的动物呢。在陆生哺乳动物中，我的耳朵是最肥硕的，腿是最粗壮的，牙齿也是最大的——对，就是象牙了！当然身体也是最长的。而且我的体重也比其他陆生动物更重一些：你所在幼儿园里的所有小朋友们加在一起，可能才和我一样重。我们大象性情温和（但其实也可以变得非常暴躁），到现在已经和人类做了几千年的朋友了。你已经认出我是谁了吗？太棒了！我就是大象。

我们的大象家族中共有两大属：非洲象属和亚洲象属。我呢，是亚洲象。在非洲大地居住着我的堂兄弟们：非洲草原象和非洲森林象，我们有着共同的曾祖父母。与他们相比我要娇小许多，他们都是大块头——耳朵更肥硕，象牙也更长。我们也有来自婆罗洲岛的堂兄弟，在大象家族中他们个头最小，重量差不多只有一辆吉普车那么重——大约有 2 吨。我们都叫他们"小家伙"，科学家则给他们起了另外的名字——"婆罗洲侏儒象"。

非洲象的个头差不多有一层楼房那么高。

亚洲象的体重达 **3~5** 吨！

我们的居住地

我们的家园在非洲和亚洲——那里一直都很温暖，树木茂盛，绿草成茵。夏天，我们沿着枝叶繁茂的山坡爬到很高的山峰上，那里云雾缭绕。当然，我们也很喜欢夏天的阳光。大象家族的所有成员都可以轻松地穿过沼泽地。我们并不喜欢沙漠，那里没有我们的食物。时间流转回很久以前，一年中最凉爽的时候，我们喜欢在大草原上散步，但现在我们只能去保护区散步了，因为人类在草原上耕种，把草原都变成了庄稼地，这样一来，属于我们的土地就越来越少了。但不要担心！现在有很多人都在关心、保护着我们，不让偷猎者伤害我们，也不会抢走我们最喜欢的家园——亚洲的热带雨林和非洲的热带草原。

世界上大约有

500 000 只非洲象，

50 000 只亚洲象。

4

我们的皮肤

　　如果和一头大象拥抱，那么你最先感受到的就是我们厚厚的、皱巴巴的皮肤。对，就像你看到的那样，我们是厚皮动物。但不要被表象所迷惑哦，我们的皮肤其实是非常敏感的，甚至可以感受到每一只苍蝇，所以我们才不停地扇动耳朵，还用泥巴给自己洗澡，因为泥巴在皮肤上干燥后可以很好地防止蚊虫叮咬。我们也很难忍受高温，因为我们的皮肤没法出汗，为了降温，只能不停地用肥硕的耳朵给自己扇风，当然还可以和伙伴们一起玩水，在泥巴里洗泥浴。

　　现在，我有一个难题要问你——大象是什么颜色的？可能你会不假思索地回答："灰色！"对，是灰色没错，但我们不只有灰色。在大象家族中，有的成员是深灰色，有的是棕色，也有褐色的，有时可能还会碰到身体呈淡褐色，甚至是粉红色的白化象。在有些国家，这种肤色独特的大象会被送到有关部门进行特殊保护。

优雅的步态

　　"大象进了玻璃店——笨手笨脚！"人们经常用这句谚语来形容那些动作笨拙的人。但是现在我一定要澄清一下，这句话和我们可一点儿关系都没有！你大概不会相信，其实我们是用脚尖走路的，哪怕只是半颗豌豆掉在了地上，我们的脚掌也都可以感受得到。所以，你们人类说大象笨手笨脚，简直太不公平了！毫不夸张地说，我们的脚真的是大自然的奇迹。一生中很长的时间里，我们都在长途跋涉，而我们的腿又很完美地适应了这种生活方式。我们是地球上唯一一种有四个"膝盖"的动物，膝盖可以帮助我们协调地控制每只脚。你知道大象和人类之间有什么共同点吗？第一，地球上只有大象和人类是能够通过训练用头倒立的哺乳动物；第二，就像人类的指纹一样，每只大象的后足脚印都是独一无二的；第三，咱们都有下巴，虽然长得不太一样！不过其他哺乳动物可就没有下巴。神奇吧，咱们原来这么像！

大象平均每天步行25千米。

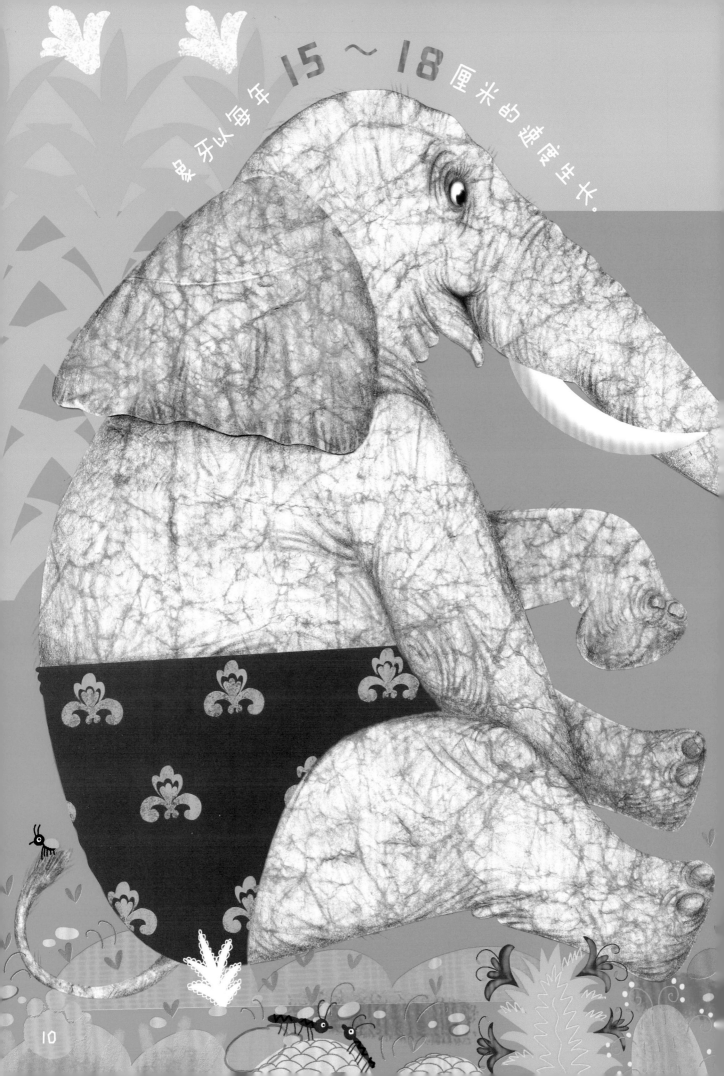

象牙以每年 15～18 厘米的速度生长。

我们的鼻子和牙齿

象牙和象鼻——这可是我们大象赖以生存的两种神奇工具。我们用象牙保护自己免受掠食者的侵害。干旱时节，我们还可以用象牙来翻动土壤寻找水源，撕下树皮，挖掘土地寻找盐分。

我们的鼻子可以说是一种超级工具，想必你也想拥有它吧！我们的鼻子和上嘴唇相连，它的末端才是用来呼吸和闻气味的鼻孔。作为一个抓取器官，我们的鼻子可以从地面上拾起很小的物体，从高高的树枝上采摘水果；喝水时，我们也是先用鼻子吸水，然后再注入嘴中。我们的鼻子非常灵巧，可以从地上捡起一根草、一根火柴、一枚小硬币，甚至能捡起一粒大米。同时，象鼻也非常粗壮有力，能把重达1吨的原木运出丛林呢。

象鼻中可以储存 8 升水，大约有 1 只水桶那么多。

大象只能看清 **20** 米之内的物体。

我们的感官

　　你知道为什么非洲象的耳朵比我们亚洲象的大吗？这不是因为非洲象的家庭更庞大，或者是他们需要听清每个人说话，而是因为非洲真的非常非常热，他们需要用更大的耳朵来给自己扇风降温。我们大象的耳朵比你的被子还要大呢！你能想象我堂兄弟的耳朵有多大吗？没错，这样的耳朵可以让我们听得很清楚，甚至都能分辨旋律。可是我们还没有学会唱歌呢，当然，一起聊聊天是没有任何问题的，我们可以发出很多种声音，比如吹号声、吼叫声、尖叫声、咆哮声——那只是我们在和朋友们聊天而已。我们还可以通过大地的震动来沟通交流，只要轻轻地踩踩脚让大地震动几下，就能够在 32 千米的距离内通过土壤传递悄悄话呢。

　　我们的嗅觉、听觉和触觉都很敏锐，不过，视力就不太好了。

大象可以听清 **5** 千米 外的声音。

大象会笑。

我们最聪明

　　我毫不夸张地说，大象是地球上最聪明的动物之一。我们可是过目不忘的天才。有些大象会画画，有些大象还可以说话呢。我们能体会到快乐和悲伤，我们会烦恼，也会开怀大笑，有时候感到无聊了还会搞个恶作剧。我们不会忘记人类的善意，但也不会原谅那些恶行。大象永远不会让亲人或朋友陷入困境，因为我们有这样一条法则："人人为我，我为人人！"热心的我们始终都会向朋友伸出援手，如果有谁掉入陷阱，大家都会伸出自己长长的鼻子，努力帮助他摆脱困境。我们永远不会丢下那些失去母亲的小象。

大象的语言中有超过 **450** 个"词汇"符号。

我们不会快跑

　　我们不会跳跃，也不能长时间奔跑，因为我们实在是太重了。是的，我们也不能爬树，举个例子，如果一棵树的树枝长得太高，而且周围没有什么可以吃的，那么我们就只能简单地把这棵树折断了。但是我们可以像人类中那些优秀的竞走运动员一样快速行走。说起最受大象家族喜爱的运动，那就要属游泳了，即使只是在水中随意游一游我们也很开心。我们很擅长游泳，江河湖海都不在话下！把鼻子伸出水面，就可以沿着水底移动，在游泳的时候长长的象鼻可以充当呼吸管，别提多酷了！

大象可以在水中连续游5～6个小时。

我们的食物

　　我们大象可以吃树叶、树皮、果实，还有青草。我们无时无刻不在吃东西，而且吃得特别多，就连睡觉的时候都在吃呢。我一天可以吃300千克的植物，喝一大桶水。最重要的是，我们和很多小孩子一样喜欢甜食。我们非常喜欢吃有营养的甜食——苹果、香蕉，还有胡萝卜。当然，我们也无法拒绝糖果和饼干的诱惑，在动物园里，常常有游客给我们投喂零食。求求你们啦，不要再这样做了，我曾经因为一时贪嘴，病了很长时间。我们几乎一生都在寻找食物——每天有15~20小时都在找吃的，于是就没剩多长时间用来睡觉了。我们会一群大象紧紧地靠在一起睡觉。强壮的四肢支撑着我们的躯体。只有小象是躺在地上睡觉的。非洲象在睡着时，会把沉甸甸的象牙放在白蚁巢或者树枝上，而那些住在动物园里的大象会将象牙倚靠在墙上。

在动物园里，饲养员会给大象喂食干草、蔬菜，还有谷物。

我们一家

　　现在，我要给你讲一讲我们家族的故事了。我和妈妈还有妹妹住在一起，妹妹今年已经5岁了。刚出生的时候，她可真的太好玩了，差不多有100千克，看起来笨手笨脚的，但特别惹人疼爱。妹妹半岁的时候，经常被自己的鼻子绊倒，她还很喜欢吮吸鼻子，就像有些人类小孩喜欢吮吸拇指一样。两岁时，她还只喝母乳，后来再长大一些，我们就教她自己用长长的鼻子找东西吃。

　　在我们的家族里，还有祖母、阿姨和她们的孩子。爸爸和叔叔们住的地方离我们不远。聪明并且经验丰富的祖母是我们家里最重要的一位长辈了，我们什么时候吃东西、休息和游泳都是由她来决定的。

　　家里面所有成年长辈都会关照我和其他小象。年长的大象会一直照看着象宝宝，教他们自己吃东西，无微不至地照顾他们。母亲召唤我们的时候，她会扇一扇自己的耳朵，我们看到后便立刻向她跑过去。人类的小宝宝会牵着妈妈的手走路，而我们小象则是用鼻子牵着妈妈或者阿姨的尾巴前行。

老虎
欺负大象
有罪

犀牛
欺负大象
有罪

猎人
负大象
有罪

狮子
欺负大象
有罪

每年的 8 月 12 日是世界大象日。

我们的天敌

　　我们大象的体格如此庞大，所以我们没有天敌。不过小象宝宝们可能会受到狮子、豹子或鳄鱼的袭击，但牛群有时会帮助他们。关于我们害怕老鼠的传言，可不是真的哦。科学家曾经把老鼠扔在我们的脚边，还把他们吊在绳子上，要不就埋在食物里——但我们并没有任何反应。不过，我们也有害怕的动物——蜜蜂和蚂蚁。如果他们发动群体攻击，我们被蜇到了，那可是很痛的。正是我们小心谨慎才让我们生活得幸福又长寿。在野外生活的大象可以活到 60~70 岁，要是住在动物园，甚至可以活到 80 岁呢。

你知道吗？

许多人认为大象是由猛犸象进化而来的。

很多人认为，某一天猛犸象浓密的毛发突然掉光了，这样一来就变成了大象。但你知道吗？这可不是事实。大象和猛犸象曾经生活在同一时代，直到大约公元前 1 万年至公元前 2000 年，猛犸象才陆续从地球上消失。

猛犸象——大象古时候的亲戚

可是大象没有消失……

在大象、猛犸象、剑齿象更早之前生活着始祖象，它们生活在很久很久以前，距今大约有 5500 万年。有趣的是，始祖象体形很小！和大象相比，它们看起来不只是小，而是很小。始祖象的个头比河马还要小得多，看起来有点儿像河马，但更像一头猪。

你觉得猛犸象和剑齿象都灭绝了，

大象就没有亲戚了吗？

恐象也是大象的亲戚

不，大象还是有亲戚的！喏！就是蹄兔，一种个头和猫一般大、很可爱的小动物，有点儿像长了蹄子的豚鼠。虽然蹄兔也和大象一样生活在非洲（还有一些生活在阿拉伯半岛），但让大象和蹄兔交个朋友可就难了，因为它们长得一点儿都不像。

虽然蹄兔和大象一样都在陆地上生活。

大象的远房亲戚——海牛

蹄兔

大象还有一些远房亲戚——但它们都不在陆地上生活！这些奇怪的亲戚名叫儒艮和海牛，都属于海牛目，据说它们就是传说中的美人鱼。但是它们和大象长得一点儿都不像，看起来更像是海豹。海牛和大象一样是食草动物。这种亲属关系真的令人难以置信，对不对？但又能怎么办呢？亲戚可是无法选择的……

可是，大象甚至都不认识这些亲戚。
大象还有其他朋友。

那就是人类了。事实上在很久很久以前，大约几千年前，人类就成了大象的朋友。大象也很乐于帮助人类——允许人类骑在自己的身体上，帮助人类搬运重物。当然，现在的汽车比大象要强得多。但毕竟，汽车需要在公路上行驶！但是大象并不需要，它们可以在任何道路上行走，能把原木搬到任何地方去。

用于载重的大象

大象在劳动的时候，有时用自己的鼻子，有时用自己的牙齿，它们很清楚怎样做可以更方便。

在大象的一生中，象牙会不停生长。所以，来算一下吧：象牙每年生长18厘米，这意味着一头70岁的老象，它的象牙应该会长到10多米！但这种情况一般不会发生，因为它们经常会折断自己长长的象牙。一不小心撞在石头上，牙齿就会被磕掉一小块！但大象并不会因此感到沮丧，因为受伤的象牙很快就会重新长出来。

在印度，有些家庭世世代代都与大象一起工作。

设想一下，在这样的家庭里长大的小男孩，一出生就会收到一只小象作为礼物，这是多么幸福呀！小男孩和象宝宝一起长大，他们一起玩耍，一起散步，一起洗澡，还可以一起工作——小象帮小男孩运送货物，小男孩带着游客骑着小象兜风。所以他们能够相伴一生，因为大象的寿命几乎和人类的一样长。这就是真正永恒的友谊吧！

罕见的白象

你能想象出如何
为大象打扮一番吗？

精致的象鞍上装有一个遮篷，额头上戴着一个带有条纹的王冠，这些"象模特"甚至还有自己的手镯。人们还经常给它们涂上不同的颜色，在皮肤上画出精美、华丽的图案！大象本来就已经非常漂亮了，再经过一番打扮，简直可以说它们是大自然的奇迹。

你知道中文
"象"字的由来吗？

美国人、法国人，还有其他一些国家的人们会称它们为"elephant"。而中文中"象"这个字来源于甲骨文，你看看甲骨文中的"象"字，像不像一头大象呢？

也许你不止一次想问大人们：
"如果大象和鲸鱼打架，谁会赢？"

告诉你一个秘密：可能大人们也都不知道这个问题的答案！因为没有人见过大象与鲸鱼搏斗。毕竟，鲸鱼在海里游泳，大象在陆地上行走。它们能在哪里见面呀？面都见不到，更别说在一起打架了！

假设鲸鱼真的挑衅大象一下，
大象可能会生闷气哦。

想象一下，鲸鱼家族中体格最大的蓝鲸，突然朝大象吐舌头。它的舌头重达3吨，差不多是一只小个头象的重量！大象大概真的会感到委屈，这是怎么回事呢？因为大象一向认为自己是地球上最大的动物，突然间发现在海洋里生活着比自己还要庞大得多的生物，这难道还不够让大象难过的吗？

即便如此，大象也不想和鲸鱼打架。

因为大象生性温顺、爱好和平。还有些大象曾经在军队服役，人们把它们叫作"战象"。但其实它们并不想打仗，只是想把敌人吓得落荒而逃而已。

有一个很有意思的问题：

那些骑在战象上进行战斗的

军队叫什么名字呢？

战象

马背上的军队被称为骑兵。那么如果是骑在象背上的军队，就称他们象兵吗？无论怎么称呼，反正都是骑在大象上面，我说得对吧？虽然有点儿可怕，但是大象就是这么高呀！

还有一个没有想明白的问题，这些人是怎样

爬到象背上去的呢？难道要一直背着梯子吗？

当然不需要啦！聪明的大象会帮助你爬上它的背。你知道这是怎么回事吗？大象会弯曲前腿，这样人们可以踩在它的腿上，然后就像爬楼梯一样爬上去。之后大象会慢慢地抬起它的前腿，哇哦！你已经在它的背上了！有些大象还可以用长鼻子小心翼翼地把人卷起来，然后再放到自己的脖子上。这样会更有趣呢！

当然只有家象或是被驯化的象可以这么做。

野生大象是不允许任何人骑在自己身上的。通常人们驯服的是亚洲象（也被称为印度象），非洲象很少会被人类驯服。所有大象学东西都很快，甚至都不需要人教，它们自己就能想出各种各样的花招来解决问题。例如，它们很快就能想出办法打开笼子或者围栏的锁。

真的很难想象
它们是多么狡猾!

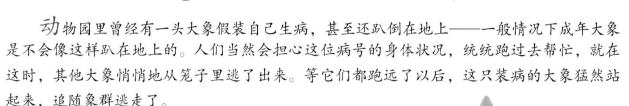

动物园里曾经有一头大象假装自己生病，甚至还趴倒在地上——一般情况下成年大象是不会像这样趴在地上的。人们当然会担心这位病号的身体状况，统统跑过去帮忙，就在这时，其他大象悄悄地从笼子里逃了出来。等它们都跑远了以后，这只装病的大象猛然站起来，追随象群逃走了。

它们是不是很聪明呀?
要知道大象不只会从动物园里逃走呢!

大象还可以认出镜子里的自己，在所有动物中，只有海豚和聪明的黑猩猩才能做到这一点。它们还知道如何使用工具——这在动物界也算是一种难得的本领了——当它们想要驱赶蚊虫时，不只是扇动自己肥硕的耳朵，还会用鼻子卷起树枝当作苍蝇拍呢。

除此之外，
它们还能学会跳舞、鞠躬、扔皮球。

它们还会画画呢!顺便说一下，大象家族里有非常著名的艺术家。例如，有一只来自美国动物园的大象，它叫作卢比。人们偶然发现，它总是用小木棍在土地上画一些东西。后来人们拿给它几只巨型刷子、颜料，还有大纸板。

马戏团里的大象

卢比用鼻子很轻巧地卷起画笔，
再放到颜料中蘸一蘸，
然后它就开始画画了。

卢比是抽象派"画家"，它的作品色彩丰富，虽然大家不太明白它画的是什么。人们经常购买卢比的画作挂在家里。这只才华横溢的大象妹妹用它的绘画给动物园带来了50万美元的收入——真是一笔巨额的财富!卢比自己并不需要钱，因为它已经拥有了一切。

你已经知道大象是多么善良了，
还有它们是如何相互帮助的。

最令人惊讶的是，大象之间不仅相互帮助，还会向其他的动物朋友伸出援手呢！当看到一只狗狗掉进洞里时，大象会努力把狗狗救上来：它会停下脚步，用长长的鼻子卷起那个受到惊吓的小可怜，然后把狗狗放到地面上，再继续前进，大象家族会无私地帮助其他的动物朋友。

善良、智慧、高尚——
大象受到许多人的敬重。

象　神

在印度，有些人会信奉一位叫作迦尼萨的神，他长着人的身体和大象的脑袋。他非常善良、聪明，人们会向他祈求福祉。他长着两根象牙，不管到哪里都会骑着一只老鼠。这真是太神奇了！无法想象这只老鼠得有多大！

如果一只大象出生时就是白色的，
这真的太走运了！

在亚洲，白象是不需要干体力活儿的，只有国王、王公等地位显赫的人才可以骑白象。但在泰国，即使是国王也不能骑在白象的身上！而且这样一头漂亮的大象甚至都不需要自己走路，因为会有为它量身定做的精美平板车载着它到各个地方去。

那么又是谁来拉载着白象的平板车呢？
大概是其他的大象吧，只是它们不是白色的，而是普通象。

这种王室大象的食物会放在巨大的金色盘子上，喝水用银碗，水里还会放几朵茉莉花，闻起来更加清香。它的毯子是什么样的呢？是用金线缝制而成的，上面还铺满闪闪发光的宝石……

在中国，大象被认为是幸福的象征。
是呀！哪怕只是看一眼大象，
那也是很幸福的！

我们就像人类一样智慧、仁爱、公正！

再见啦！
让我们在动物园里相见吧！

动物园里的朋友们

本套书共三辑，每辑 10 册，共 30 册。明星作者以第一人称讲故事的形式，展现每个动物最与众不同、最神奇可爱的一面，介绍了每种动物的种类、生活环境、形态特征、生活习性等各方面。让孩子们足不出户也能了解新奇有趣的动物知识。

第一辑（共 10 册）

我是企鹅　我是狐狸　我是刺猬　我是老虎　我是蝙蝠　我是山羊

我是松鼠　我是狮子　我是北极熊　我是大熊猫

第二辑（共 10 册）

我是海豚　我是河马　我是猫　我是蛇　我是长颈鹿　我是驼鹿

我是蚊子　我是蝴蝶　我是浣熊　我是麝鼹

第三辑（共 10 册）

我是小熊猫　我是大象　我是长尾猴　我是斗牛犬　我是考拉　我是树懒

我是袋熊　我是蚂蚁　我是老鼠　我是臭鼬

图书在版编目（CIP）数据

动物园里的朋友们．第三辑．我是大象 ／（俄罗斯）
列·阿古京文；于贺译．－－南昌：江西美术出版社，
2020.11
ISBN 978-7-5480-7515-8

Ⅰ．①动… Ⅱ．①列… ②于… Ⅲ．①动物—儿童读
物②长鼻目—儿童读物 Ⅳ．① Q95-49

中国版本图书馆 CIP 数据核字 (2020) 第 067723 号

版权合同登记号 14-2020-0156

出 品 人：周建森
企　　划：北京江美长风文化传播有限公司
策　　划：巴拉拉
责任编辑：楚天顺 朱鲁巍
特约编辑：石　颖 吴　迪 王　毅
美术编辑：童　磊 周伶俐
责任印制：谭　勋

动物园里的朋友们（第三辑） 我是大象
DONGWUYUAN LI DE PENGYOUMEN (DI SAN JI)　WO SHI DAXIANG

［俄］列·阿古京 / 文　［俄］因·巴加耶娃 / 图　于贺 / 译

出　　版：江西美术出版社		印　　刷：北京宝丰印刷有限公司		
地　　址：江西省南昌市子安路 66 号		版　　次：2020 年 11 月第 1 版		
网　　址：www.jxfinearts.com		印　　次：2020 年 11 月第 1 次印刷		
电子信箱：jxms163@163.com		开　　本：889mm×1194mm 1/16		
电　　话：0791-86566274 010-82093785		总 印 张：20		
发　　行：010-64926438		ISBN 978-7-5480-7515-8		
邮　　编：330025		定　　价：168.00 元（全 10 册）		
经　　销：全国新华书店				